Vanesa Lucia Bazan Brizuela

Pirometalurgia do ouro

Vanesa Lucia Bazan Brizuela

Pirometalurgia do ouro

O processo de fusão

ScienciaScripts

Imprint

Any brand names and product names mentioned in this book are subject to trademark, brand or patent protection and are trademarks or registered trademarks of their respective holders. The use of brand names, product names, common names, trade names, product descriptions etc. even without a particular marking in this work is in no way to be construed to mean that such names may be regarded as unrestricted in respect of trademark and brand protection legislation and could thus be used by anyone.

Cover image: www.ingimage.com

This book is a translation from the original published under ISBN 978-613-9-43709-2.

Publisher:
Sciencia Scripts
is a trademark of
Dodo Books Indian Ocean Ltd. and OmniScriptum S.R.L publishing group

120 High Road, East Finchley, London, N2 9ED, United Kingdom
Str. Armeneasca 28/1, office 1, Chisinau MD-2012, Republic of Moldova, Europe
Printed at: see last page
ISBN: 978-620-8-25192-5

ÍNDICE

1.1 INTRODUÇÃO

O processo de alta temperatura é amplamente utilizado na produção de metais e materiais. Existem várias razões para a sua utilização:
A estabilidade relativa dos metais e dos seus componentes altera-se consideravelmente com a temperatura, o que permite obter alterações químicas e estruturais nas diferentes fases presentes no sistema.
As taxas de transporte de massa e as reacções químicas aumentaram com o aumento da energia térmica, permitindo que as mudanças fossem alcançadas em menos tempo.
O processo de fase líquida e gasosa que é possível a altas temperaturas não só permite que as reacções ocorram a taxas mais elevadas, como também permite que a separação de fases seja alcançada com relativa facilidade.

Não existem limites convencionais para as temperaturas utilizadas no processo de alta temperatura.

No entanto, no caso do processamento de metais e materiais, pelas razões acima mencionadas, a maioria dos processos é efectuada entre 300 e 2000°C de temperatura. O termo processo pirometalúrgico é frequentemente utilizado para descrever processos de alta temperatura relacionados com a produção de metais. No entanto, os princípios básicos subjacentes à utilização de altas temperaturas são comuns ao processamento de todos os materiais. Os exemplos seguintes ilustram a gama de aplicações do processamento a alta temperatura nas indústrias dos metais e dos materiais.

Talvez o exemplo mais simples de tratamento térmico seja a secagem. As técnicas de processamento físico não conseguem remover os últimos vestígios de água fisicamente absorvida e incorporada em materiais finamente divididos e o calor é utilizado para remover a água restante da fase gasosa sob a forma de vapor. Contudo, o aquecimento rápido de componentes cerâmicos inacabados causaria deformações e fracturas graves, pelo que a secagem deve ser efectuada em condições controladas para evitar a perda de produto.

₃A decomposição térmica de compostos inorgânicos, por exemplo, a calcinação de calcário, CaCO , é uma prática muito comum. ₂O calcário é um depósito de alimentação em vários processos químicos importantes na indústria e, durante o aquecimento, é separado em cal, CaO e CO . Os hidróxidos, sulfatos e carbonatos metálicos, obtidos por precipitação química a partir de soluções aquosas, são utilizados na produção de materiais cerâmicos. A altas temperaturas, estes materiais separam-se nos seus respectivos óxidos. Os componentes formados e as suas propriedades físicas podem ser alterados através do controlo da composição do material de partida, das temperaturas de tratamento e da atmosfera em que decorre o processo a alta temperatura.

Os óxidos, sulfuretos e halogenetos metálicos são as principais fontes de metais e existe uma grande variedade de opções para o tratamento destes materiais no processo pirometalúrgico a alta temperatura.

Outro aspeto interessante a salientar é que são frequentemente utilizadas combinações de alta temperatura, solução orgânica/aquosa e técnicas electroquímicas para obter os produtos esperados. Quando se obtêm novos componentes, o leitor deve consultar as alternativas de processamento do novo componente, caso se considere a possibilidade de processamento adicional, por exemplo, se o material original for um sulfureto metálico e este for transformado num óxido, devem ser examinadas as opções de processamento de óxidos metálicos.

1.1 PRINCÍPIOS FUNDAMENTAIS DA METALURGIA EXTRACTIVA.

O primeiro passo para a obtenção de um metal é a descoberta do local onde um dos seus minerais existe em quantidade adequada, ou seja, uma jazida. Trata-se de um trabalho de prospeção realizado por geólogos através de diferentes métodos: mecânicos, químicos, gravimétricos, magnéticos, eléctricos, aerofotográficos, entre outros.

Uma vez localizado o depósito onde existe o mineral ou minério metalífero, são feitas as considerações necessárias para determinar a sua exploração económica.

A exploração da rocha que contém o minério é efectuada pelo engenheiro de minas, que pode fazer minas a céu aberto ou minas com poços ou túneis, utilizando uma variedade de técnicas.

A exploração do depósito é uma mina da qual o material é extraído e entregue ao engenheiro metalúrgico extrativo, que deve seguir pelo menos três etapas para o converter em metal:

Separação do minério e da ganga (que é a parte não útil), numa operação conhecida como beneficiação mineral ou mineralurgia.

Tratamento químico preliminar que produz um composto adequado para a redução de metais.

Redução a metal, eventualmente com tratamento de refinação suplementar.

Para separar o metal da ganga, o primeiro passo é geralmente a trituração e a moagem. Segue-se a triagem, que pode ser efectuada por crivagem a seco ou por peneiração ou por outros meios, em que os pedaços grandes são separados dos finos. Por vezes, é necessário reaglomerar os finos para uma dimensão adequada, sendo um dos métodos de aglomeração a sinterização.

A concentração do minério, com vista ao seu enriquecimento para transporte ou processamento, pode ser feita gravimetricamente através de correntes de água (calones, mesa de Wilfley, elutriadores, entre outros) ou de ar (ciclones), por separação eléctrica, por separação magnética, por flotação - em que um tipo de partículas é flotado por reagentes enquanto outras são sedimentadas -, por reacções químicas ou por outros métodos, dependendo do tipo de minério e das necessidades do processo.

O concentrado de minério pode ser tratado por calcinação e ustulação - onde o metal sulfureto, por exemplo, é convertido em óxido - por lixiviação ou por outros processos químicos ou electroquímicos.
A redução do minério preparado tem lugar em fornos e conversores de diferentes tipos, quando se utiliza a pirometalurgia, ou por meios químicos ou electroquímicos, quando se utiliza a hidrometalurgia. No final do processo de refinação, obtém-se um metal ou uma liga.

Conceito de metalurgia

A metalurgia de extração pode ser definida como a parte da metalurgia que estuda os métodos químicos necessários para tratar um minério ou um material a reciclar de forma a obter, de qualquer um deles, o metal, mais ou menos puro, ou alguns dos seus componentes.

1.3 PROCESSOS DE METALURGIA EXTRACTIVA.

As operações metalúrgicas de extração dividem-se em dois grupos: operações por via seca e operações por via húmida. As primeiras são geralmente designadas por operações pirometalúrgicas e as segundas por operações hidrometalúrgicas. As operações por via seca são realizadas a altas temperaturas entre produtos sólidos, líquidos ou gasosos, enquanto as operações por via húmida são realizadas através de reacções em fase aquosa a baixas temperaturas.

Tanto a pirometalurgia como a hidrometalurgia podem ser divididas de acordo com as possíveis operações que podem ser efectuadas. O quadro seguinte apresenta esta divisão.

Divisão de metalurgia extractiva

PIROMETALURGIA   HIDROMETALURGIA

-Calcinação

-Oxidação Aglomeração Oxidação
Sulfatação Cloragem Cloragem
Aglutinação

Outros

-Ultrarredutora Oxidante neutra
Redutora neutra Fusão

-Oxidação Oxidante Redutora
Volatilização

De halogenetos De carbonilos

-Eletrólise ígnea

-Metalotérmica

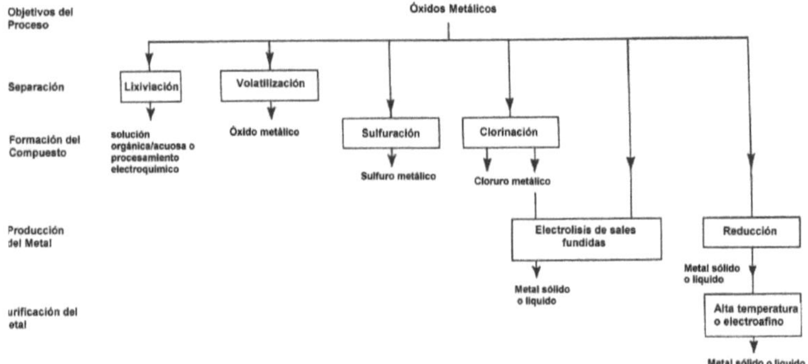

Figura 1: Rotas de processo alternativas para o tratamento de óxidos metálicos

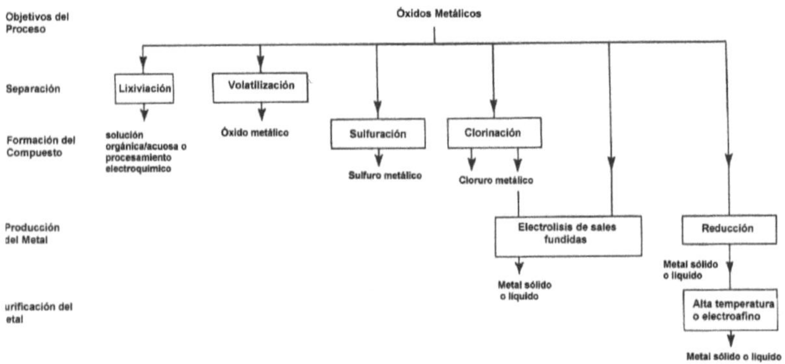

Figura 2: Rotas de processo alternativas para o tratamento de sulfuretos metálicos

2- PROCESSO PIROMETALÚRGICO

O processo começa com a recolha do precipitado da fábrica de processamento, que é retido em três prensas de filtro. A solução filtrada, designada por Solução Estéril e contendo menos de 0,02 ppm de Au e Ag, é recolhida num tanque e depois bombeada para o Bloco de Lixiviação para irrigação em pilha. O sólido retido é recolhido a cada 6 a 7 dias, dependendo da quantidade precipitada, e recebido em tabuleiros. Este precipitado tem um teor de humidade de 35% e um teor médio de 25% de Au, 57% de Ag e 10% de Hg.

O precipitado é então transferido para quatro Fornos de Retorta. O objetivo destes fornos é secar o precipitado recolhido e recuperar todo o mercúrio nele contido, por isso trabalha-se com rampas de temperatura até um máximo de 550 ºC. O ciclo total da retorta é de 24 horas e trabalha sob um vácuo de 7" Hg. O mercúrio removido é recolhido por um sistema de condensadores arrefecidos a água e armazenado num coletor que é descarregado no final do ciclo em recipientes especiais de Hg (frascos) para armazenamento seguro.

De modo a remover eventuais restos de mercúrio gasoso que possam ir para o ambiente, o fluxo de vácuo passa por um pós-refrigerador arrefecido a água, localizado imediatamente a jusante do coletor. Este fluxo passa então por colunas de carvão ativado e por um separador de água antes de ir para a bomba de vácuo, sendo depois descarregado para a atmosfera. A saturação dos carvões é controlada por uma monitorização constante. A recuperação do mercúrio é superior a 99%.

O precipitado seco e frio é misturado com os fundentes necessários e carregado em dois fornos de indução. São necessárias cerca de 2 horas para que a carga derreta completamente e atinja uma temperatura de 1300º C (aprox.) para efetuar a escória e a fundição final para obter as barras Doré.

2-1 FORNOS RETORTA

A energia eléctrica é fornecida aos elementos de aquecimento (resistências) através das unidades SCR. O forno Retorta contém um total de 24 elementos de aquecimento. O sensor para o controlador de temperatura está localizado na parte traseira do Retorta.

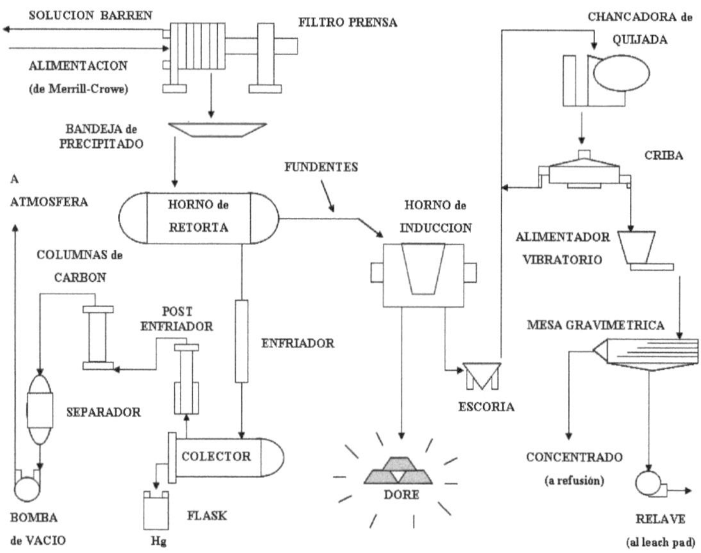

Figura 3: Diagrama de fluxo do processo.

O forno de retorta também tem um controlador de temperatura elevada. Quando ocorre uma condição de temperatura elevada, o sensor de limite de temperatura elevada baixa a saída do SCR para zero. Um sensor de fuga de alta temperatura está localizado na saída e tem um alarme externo.

O gravador tem um botão que permite passar de ON para OFF, se desejado.

O controlador remoto da temperatura da lâmpada Honeywell controla o extrator. Este sistema controla os limites de temperatura do ar que flui através do extrator para a atmosfera, para evitar o desgaste prematuro das correias de transmissão do motor para o impulsor. Este valor deve ser definido para um máximo de 210°F (99°C).

Um temporizador de processo faz com que a saída do SCR se desligue após o tempo definido ter decorrido. Além disso, é utilizado um sensor para contornar o bolbo de temperatura do controlador.

Durante o ciclo de aquecimento, a ventoinha de exaustão está totalmente aberta e direcionada para a porta da retorta. Após o ciclo de funcionamento, a válvula de escape é alterada pelo controlador "TC1" e o fluxo de ar é direcionado para passar através dos aquecedores, facilitando o arrefecimento.

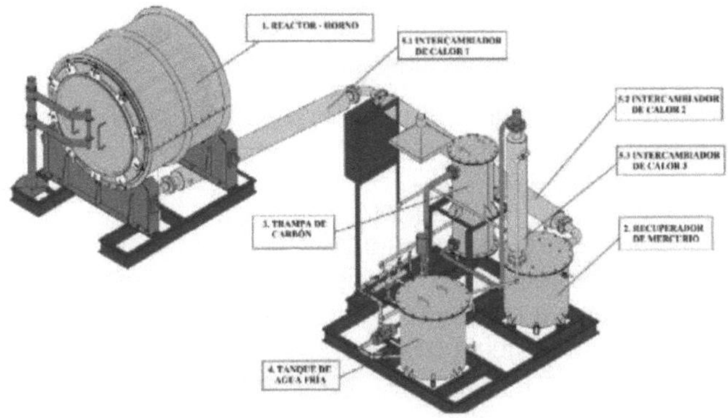

Figura 4: Forno de retorta.

2-1.1 DESTILAÇÃO DE MERCÚRIO:

Dependendo do tipo de minério a ser processado (mineralogia), alguns contêm concentrações significativas de mercúrio (>0,1 - 0,5%) e devem ser tratados para os remover antes da fundição do precipitado. Este tratamento deve ser efectuado para minimizar a libertação de gases tóxicos de mercúrio para a atmosfera durante as fases seguintes do processo.

[-3-10-22-22]Devido à sua elevada pressão de vapor relativa (1,3 x 10 mm Hg a 20°C) em comparação com outros metais (Au = 10 , Ag = 10 e Pt < 10 mm Hg), o mercúrio pode ser eficientemente separado de outros metais preciosos ou bases por simples destilação. O mercúrio é removido por retortas, fornos especialmente concebidos para este fim. As temperaturas são semelhantes às aplicadas na ustulação ou calcinação. Outras reacções que ocorrem nestas condições são também aplicadas durante a retortagem.

A temperatura da retorta é aumentada lentamente para a secar completamente antes de vaporizar o mercúrio e para dar tempo ao mercúrio de migrar para a superfície. O sistema é mantido à temperatura máxima durante 10 horas para assegurar a volatilização completa do mercúrio. Obtêm-se facilmente remoções de 99%.

2.1.2 DESTILAÇÃO EM RETORTAS:

As retortas funcionam sob uma ligeira pressão negativa e o vapor de mercúrio é normalmente recuperado num sistema de condensação de água em contracorrente. O vapor é rapidamente arrefecido até abaixo do ponto de ebulição (356°C) e o Mercúrio líquido é recolhido sob água para evitar a re-evaporação.

Obtêm-se perdas de mercúrio da ordem dos 0,2% ou 0,4% por ciclo de destilação, sendo estas perdas geralmente o resultado de mercúrio não condensado.

O Mercúrio puro entra normalmente em ebulição a 356°C. No entanto, o Mercúrio presente no precipitado está a substituir átomos na estrutura do Ouro, e este ponto de ebulição aumenta para 480°C como resultado de uma baixa concentração de Mercúrio; felizmente, o ponto de ebulição do Mercúrio pode ser reduzido através da redução da pressão no sistema e pode ser melhorado colocando o precipitado num sistema de vácuo. Assim, é fornecida uma bomba de vácuo para reduzir a pressão na retorta para um valor inferior à pressão atmosférica.

O tratamento que o precipitado (pptdo) recebe nas retortas é uma torrefação com rampas de temperatura que nos ajudam a extrair o máximo de mercúrio possível do material. As rampas constituem um ciclo de 24 horas das retortas que pode ser visto na figura 5.

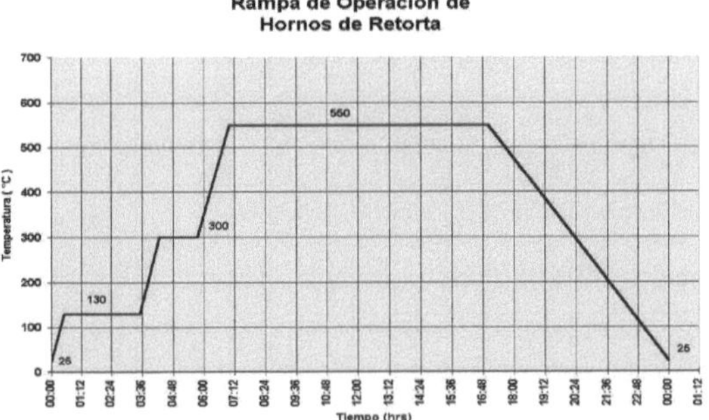

Figura 5: Rampa de funcionamento do forno de retorta.

A retorta utiliza condensadores arrefecidos a água para a condensação do Mercúrio. O tanque coletor armazena temporariamente o Mercúrio. O pós-refrigerador é arrefecido a água e condensa o Mercúrio restante. Na aspiração da bomba de vácuo encontram-se 4 colunas de carvão ativado por Retort. É instalada uma bomba de vácuo para criar o vácuo necessário na retorta.

2.1.3 ARMAZENAMENTO DE MERCÚRIO:

Uma vez concluído o ciclo de retorta, o mercúrio recuperado é drenado dos tanques colectores para frascos de aço feitos de chapa de aço com 3/8" de espessura. Estas garrafas (conhecidas como frascos) são recicláveis e reutilizáveis, os procedimentos e materiais utilizados para o seu fabrico cumprem as normas americanas (EPA) e das Nações Unidas (ONU).

Estes frascos de mercúrio são temporariamente armazenados na área da refinaria até à sua expedição (exportação).

2.1.4 TOXICIDADE DO MERCÚRIO:

O mercúrio é altamente tóxico e tem um efeito fisiológico cumulativo. Se não houver um bom controlo dos vapores no tratamento de precipitados com elevado teor de Hg, podem ocorrer problemas graves. Estes efeitos podem ser contrariados por uma boa eficiência operacional, bem como por boas práticas de higiene e limpeza.

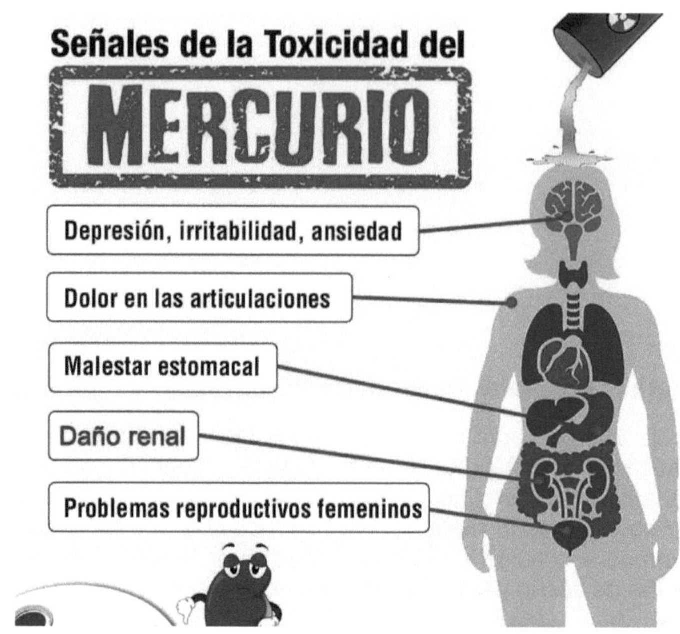

Figura 6: Efeitos do mercúrio.

A fundição é um processo que envolve mais do que a simples fusão do metal para o extrair do minério. A maior parte dos minérios são compostos em que o metal está combinado com oxigénio (nos óxidos), enxofre (nos sulfuretos) ou carbono e oxigénio (nos carbonatos), entre outros. Para obter o metal na sua forma elementar, é necessário efetuar uma reação química de redução para decompor estes compostos. É por isso que a fundição requer a utilização de substâncias redutoras que, ao reagirem com os elementos metálicos oxidados, os transformam nas suas formas metálicas.

FUSÃO 3-1GOLD

O produto frio e seco de ouro e prata deve ser misturado com os fundentes necessários para carregar os fornos de fusão.

São necessárias cerca de 2 horas para que a carga se funda completamente e atinja uma temperatura de 1100°C (aprox.) para efetuar a escória e a fundição final para obter as barras Doré. O sistema de fundição em cascata é utilizado para obter as barras.

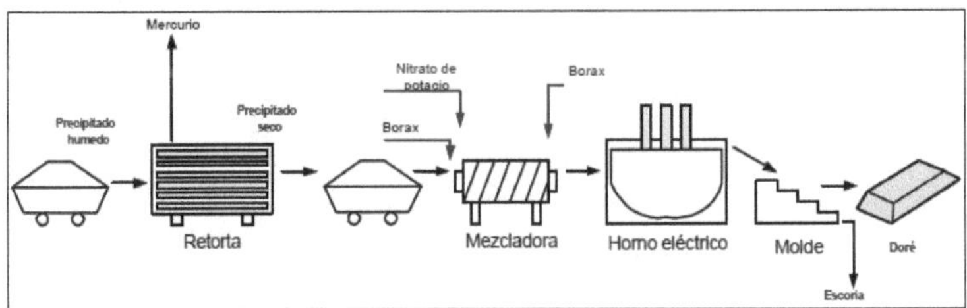

Figura 7: Esquema de fundição de ouro

- O ouro é um metal precioso que tem um ponto de fusão de 1064°C. À pressão atmosférica,
- A temperaturas superiores ao ponto de fusão, o ouro volatiliza-

se sob a forma de vapores vermelhos. Esta volatilização aumenta com o aumento da temperatura.

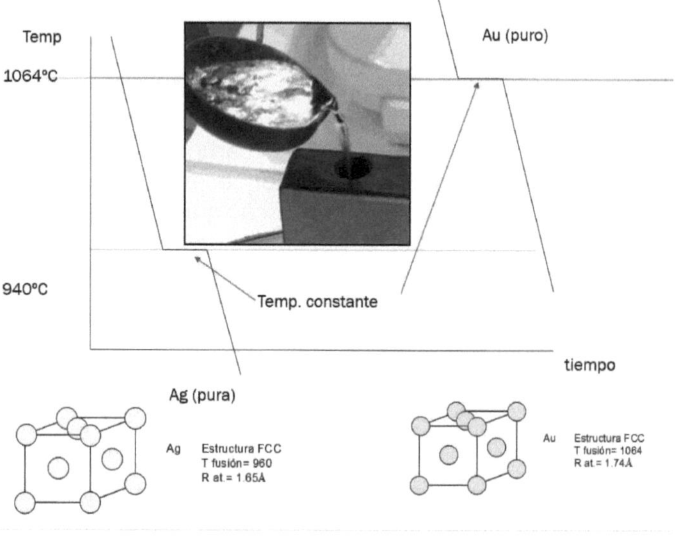

Figura 8- Diagrama binário Au-Ag

- A 1050°C a volatilização é impercetível e continua a ser baixa abaixo de 1250°C. A volatilização aumenta com a presença de impurezas metálicas, nomeadamente telúrio: por exemplo, uma liga com 5% de Te perde entre 2% e 4% do seu teor em Au numa hora a 1245°C. As ligas com 5% de Hg ou Sb perdem cerca de 0,2% de Au em condições semelhantes.

Metal / Mineral	Punto de Fusión °C	Punto de Ebullición °C
Au	1064	2808
Ag	961	2210
Pt	1769	4530
Hg	-38.9	357
Zn	420	907
Pb	327	1744
Cu	1083	2595
SiO_2	1723	2230
$Na_2B_4O_7.10H_2O$	750	--
Na_2CO_3	851	--
$NaNO_3$	271	--
CaF_2	1403	2500
ZnO	1975	--
Ag_2O	230	--
PbO	886	--
Al_2O_3	2072	2980
Fe_2O_3	1565	--

3-1-1 COR DA CHAMA

As chamas presentes no fogo não têm a mesma cor, tudo depende do material que está a arder. Tal como existem diferentes cores, também existem diferentes tipos de chamas que indicam as caraterísticas especiais que as compõem.

Ao longo dos tempos, o ser humano tem utilizado o fogo de diversas maneiras e formas que lhe permitiram desenvolver procedimentos cada vez mais sofisticados para tornar a vida mais confortável. A luz visível é gerada por temperaturas suficientemente altas e rápidas para se poder observar as moléculas em movimento, que produzem a chama, e pode-se determinar que existem diferentes cores associadas à temperatura desenvolvida no interior dos fornos.

A temperatura é um dos elementos fundamentais que determinam a cor e a intensidade da chama.

	Cor	Temperatura
1	**Vermelho escuro visível**	**470 °C**

2	Cor de sangue	530 °C
3	Vermelho escuro	570 °C
4	Vermelho cereja escuro	650 °C
5	Vermelho cereja claro	750 °C
6	Vermelho claro	850 °C
7	Laranja	900 °C
8	Laranja claro	950 °C
9	Amarelo	1.000 °C
10	Amarelo claro	1.100 °C
11	Branco	1.200 °C

3-2 OVENS:

Os fornos utilizados para fundir metais e as suas ligas variam muito em termos de capacidade e dimensão, desde pequenos fornos de cadinho com alguns quilogramas de metal até fornos de soleira aberta com capacidade até 200 toneladas. Os tipos de fornos utilizados num processo de fundição são:

- Forno de cadinho (móvel, fixo e basculante).
- Forno elétrico.
- Forno de indução.
- Forno de arco elétrico.
- Forno basculante.
- Forno de cúpula

O tipo de forno utilizado para um processo de fundição é determinado pelos seguintes factores:

- ✓ A necessidade de fundir a liga o mais rapidamente possível e de a levar à temperatura necessária.

✓ A necessidade de manter a pureza da carga e a exatidão da sua composição.

✓ A potência necessária do forno.

✓ O custo de funcionamento do forno.

Fornos de cadinho: Nestes fornos, o metal é fundido sem entrar em contacto direto com os gases de combustão, razão pela qual são por vezes designados por fornos de aquecimento indireto.

Forno de cadinho móvel: o cadinho é colocado no forno que utiliza gás de petróleo ou carvão pulverizado para fundir a carga metálica; quando o metal está fundido, o cadinho é retirado do forno e utilizado como concha para vazamento.

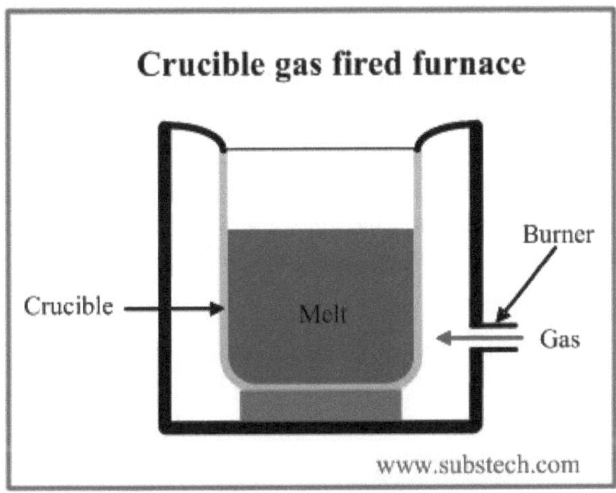

Figura 9: Forno de cadinho móvel

Figura 10: Forno de cadinho em funcionamento.

Forno de cadinho estacionário: neste caso, o cadinho permanece estacionário e o metal fundido é retirado do recipiente por meio de uma concha, sendo depois transferido para os moldes.

Forno de cadinho basculante: todo o dispositivo pode ser inclinado para esvaziar a carga, são utilizados para metais não ferrosos como bronze, latão, zinco e ligas de alumínio, GOLD.

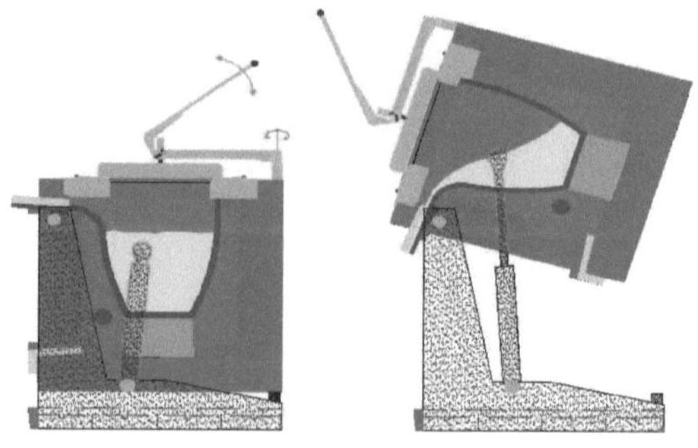

Figura 11: Forno de indução.

3-2-1FORNO DE INDUÇÃO

O forno de fusão por indução é um recipiente constituído por um circuito helicoidal (bobina) ligado a uma fonte de corrente alternada e arrefecido com água. Esta bobina está protegida por um material refratário, no interior do qual se encontra um cadinho amovível de carboneto de silício.

Forno 12: Cadinho do forno.

3-3-OPERAÇÃO DO FORNO.

A energia térmica é obtida pelo efeito da corrente alternada e do campo eletromagnético que geram correntes secundárias na carga; o cadinho é carregado com material, que pode ser sucata, lingotes, retornos, aparas, concentrado ou outro.

Quando o metal é carregado no forno, o campo eletromagnético penetra na carga e induz a corrente que a funde; uma vez a carga fundida, o campo e a corrente induzida agitam o metal, sendo a agitação um produto da frequência fornecida pela unidade de potência, da geometria da bobina, da densidade, da permeabilidade magnética e da resistência do metal fundido.

A capacidade dos fornos de indução varia entre menos de 1 quilograma e 320 toneladas e são utilizados para fundir todos os tipos de metais ferrosos e não ferrosos, incluindo metais preciosos.

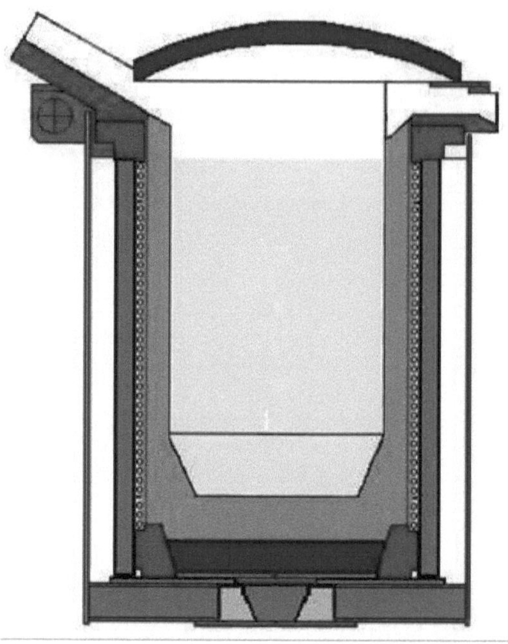

Figura 13: Diagrama esquemático do funcionamento do forno de indução

FUSÃO DE 3-4 POROS

O produto final obtido na refinaria são as barras doré (também conhecidas como barras de ouro), que são uma liga de ouro e prata. O ponto de fusão do Doré depende da composição química da liga. Na Figura 2, é apresentado o diagrama binário para a liga Ag - Au, que mostra os diferentes pontos de fusão para esta liga em diferentes composições químicas. Atualmente, o Doré produzido na Refinaria tem uma composição química de 19-21% Au e 78-80% Ag (em média). De acordo com o diagrama binário mencionado acima, uma liga Au - Ag com esta composição teria um ponto de fusão próximo de 980°C. Isto pode ser visto mais claramente na Figura 3. Vale a pena mencionar que esta temperatura de fusão é apenas para o metal Doré, não para toda a carga. Este facto será discutido mais tarde.

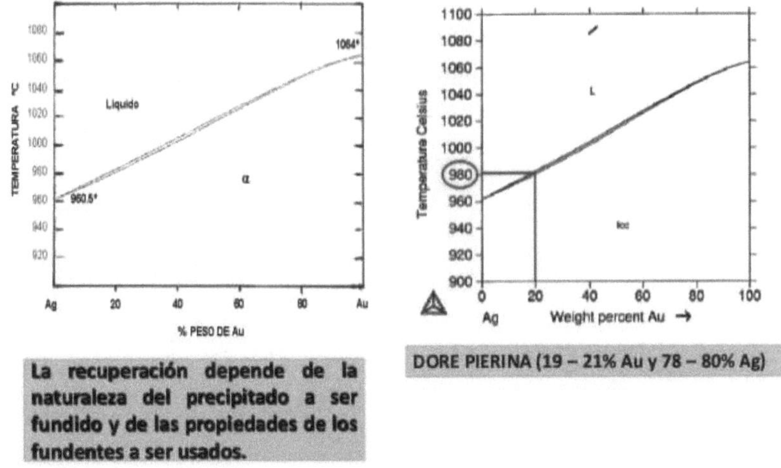

Figura 14: Diagrama binário de Au-Ag

Se o cobre não for eficientemente oxidado e removido na escória, permanece em estado metálico e pode fazer parte da doré, alterando o seu ponto de fusão. Forma-se então uma liga ternária

3-5FUNDAÇÃO DA CARGA:

A preparação da carga é uma tarefa crítica na operação de fundição. O precipitado e o material de escória recuperado são pesados e misturados com fundentes em proporções adequadas, de modo a obter uma escória com as seguintes propriedades:

- Baixo ponto de fusão
- Baixa densidade
- Baixa viscosidade
- Elevada fluidez
- Elevada solubilidade dos óxidos de metais comuns
- Insolubilidade dos metais preciosos
- Baixo desgaste refratário (corrosão / abrasão)
- Fácil de decompor para um novo tratamento

A eficiência da separação entre a escória e o metal doré é medida em termos de teores de Au e Ag na escória, ou seja, a recuperação dos metais de base (e outras impurezas) retidos na escória. O desempenho depende da natureza do precipitado a fundir, com base no seu teor de metal e nas propriedades dos fundentes a utilizar.

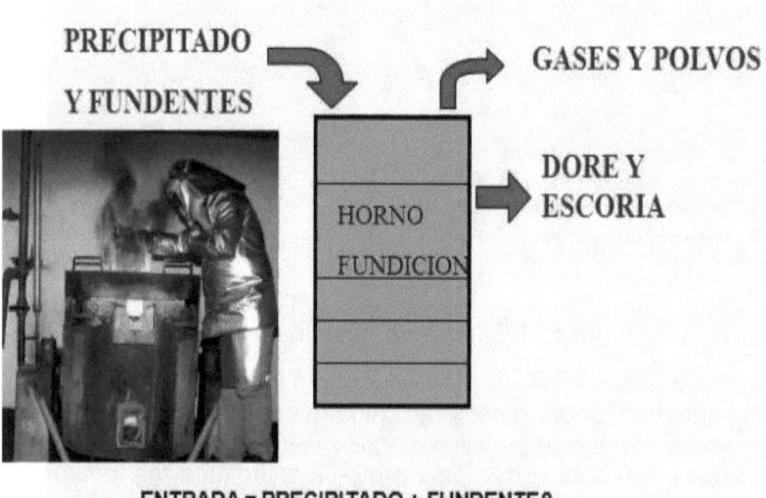

Figura 15: Balanço de massa

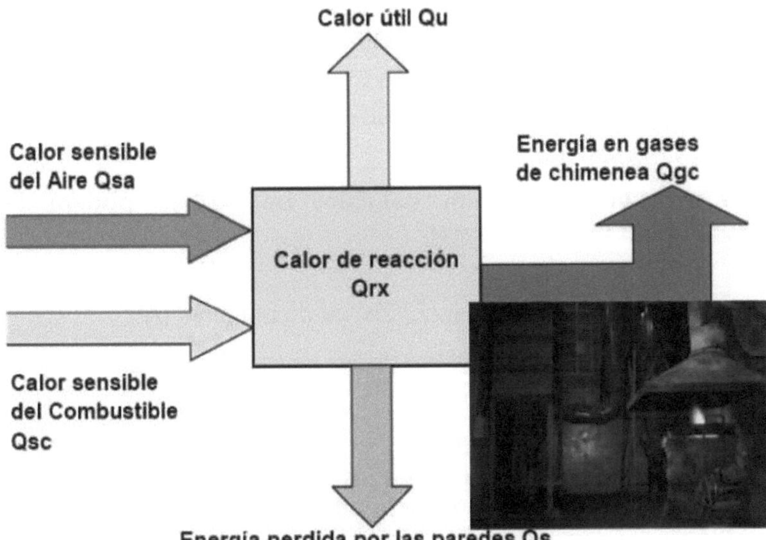

Figura 16: Balanço energético

OBTENÇÃO DO DORE

3-6-EXTRAÇÃO DE METAIS NOBRES, A PARTIR DE MINÉRIOS

O processo de cianetação para extrair ouro (Au) e prata (Ag) de minérios de baixo teor utiliza soluções aquosas de cianeto de sódio (NaCN) com oxigénio (O2) contido no ar para converter o metal nobre (M) de .

$_2$M   (sólido com impurezas) M(C<u>N) (sol</u>úvel)

Para tal, é necessário um agente oxidante, de acordo com a seguinte equação geral, conhecida como equação de Elsner (Hedley e Tabachnick):

$_{22}$4Au + 8NaCN + O2 + 2H O ===> 4NaAu(CN) + 4NaOH

Habashi reviu os estudos sobre os mecanismos de cianetação e propôs a equação para a reação de dissolução:

₂₂₂2Au + 4NaCN + O2 + 2H O ===> 2NaAu(CN) + 2NaOH + H O₂

Uma vez colocados em solução, os metais podem ser recuperados da solução por:

- Precipitação, com pó de zinco (Zn) ou de alumínio (Al)
- Adsorção em carvão ativado
- Elecrowinning (Elecrowinning)

No caso de Petaquillas, o método utilizado é a adsorção em carvão ativado e a subsequente electroremediação (EW).

O processamento dos produtos da operação de electrolavagem é a fase final da produção sob a forma de ouro metálico.

O objetivo desta fase é purificar os precipitados, removendo os contaminantes que acompanham os metais preciosos e obter metal doré em barras adequadas para posterior refinação. Os contaminantes comuns podem incluir o cobre, o chumbo, o mercúrio, o cádmio e outros metais.

Os precipitados obtidos por electrowinning, para além dos contaminantes provenientes da solução, são acompanhados de aparas de aço, que é o material catódico utilizado nas células electrolíticas.

O produto frio e seco de ouro e prata deve ser misturado com os fundentes necessários para carregar os fornos e proceder à fusão. São necessárias cerca de 2 horas para que a carga derreta completamente e atinja uma temperatura de 1200°C (aprox.) para efetuar a escória e a fundição final para obter as barras Doré. O sistema de fundição em cascata é utilizado para obter as barras.

O ouro é um metal precioso que tem um ponto de fusão de 1064°C. À pressão atmosférica, o Au borbulha a 2808°C e a 1800°C num sistema de vácuo. A temperaturas superiores ao ponto de fusão, o ouro volatiliza-se sob a forma de vapores vermelhos. Esta volatilização aumenta com o aumento da temperatura. A 1050ºC a volatilização é impercetível e continua a ser baixa abaixo de 1250ºC. A volatilização aumenta com a presença de impurezas metálicas, nomeadamente telúrio: por exemplo, uma liga com 5% de Te perde entre 2% e 4% do seu teor em Au numa hora a 1245ºC. As ligas com 5% de Hg ou Sb perdem cerca de 0,2% de Au em condições semelhantes.

O efeito exercido no ponto de fusão de um metal quando ligado a outro é bem conhecido. Existe um efeito semelhante nos óxidos metálicos. Regra geral, os pontos de fusão destes óxidos metálicos são normalmente muito elevados, muito mais elevados do que o ponto de fusão normalmente alcançado num forno de tipo industrial. Quando se adiciona um óxido metálico a outro, estas pequenas adições diminuem progressivamente o ponto de fusão da mistura resultante, até se atingir a combinação eutéctica ou o ponto de fusão mais baixo.

Já foi salientado que, apenas de um ponto de vista económico, é necessário utilizar materiais baratos (óxido de ferro, carbonato de cálcio e sílica) como fundentes comerciais.

A adição de fundentes estéreis deve ser evitada, se possível. Se for necessário adicionar um fundente, é preferível que se trate de um material básico ou ácido que contenha pequenas quantidades de metais beneficiáveis. Alguns minérios ou concentrados são chamados "autofluxantes" porque contêm, nas proporções corretas, os elementos necessários para produzir uma escória com o grau de silicato requerido sem a adição de um fundente; no entanto, tais combinações são muito raras.

4-1-1 CALCÁRIO, ÓXIDOS DE FERRO E SÍLICA.

A sílica é um dos fundentes mais comuns e mais baratos sob a forma de arenito, quartzito ou quartzo. É frequentemente possível utilizar minérios siliciosos pobres que contêm uma pequena quantidade de ouro e prata. No entanto, muitos destes minérios siliciosos contêm silicatos como o feldspato, a homablenda e a mica, que não contribuem para a fusão do minério; pelo contrário, representam uma sobrecarga para o homogeneizador que tem de fornecer o calor necessário para os fundir.

4-2FLUXOS OXIDANTES.

Nesta categoria encontram-se os:

Nitratos de sódio e de potássio,

Óxidos de chumbo e manganês,

Juntamente com o ar como fonte de oxigénio.

4-3REDUZIR OS FLUXOS.

Os únicos verdadeiros fundentes redutores são os cianetos. Estes são caros e só são utilizados com minérios de prata e ouro em processos especiais.

4-4 FLUXOS NEUTROS.

O fluoreto de cálcio é utilizado porque pequenas quantidades deste composto reduzem consideravelmente a viscosidade da escória e o ponto de fusão. É também um composto muito estável, que é o elemento básico de muitos banhos fundidos utilizados na eletrólise (o fluoreto duplo de sódio e alumínio, criolite, tem a mesma propriedade, mas é muito mais caro).

O sulfato de sódio é frequentemente utilizado (tal como o fluoreto) para dissolver lodos de cobre e chumbo aderentes. É também utilizado (como fonte de sulfureto de sódio) como meio de separação do cobre e do níquel no processo de Oxford.

Vários cloretos são utilizados como revestimentos protectores para minérios fundidos, e não como solventes, uma vez que não são muito semelhantes a solventes.

$_{2277}$O bórax (Na B 0 .10H 0) também é utilizado para este fim, embora seja mais caro do que os cloretos comuns.

4-5EFEITO DE OUTROS COMPONENTES.

Foi salientado que o óxido de magnésio é uma impureza comum no calcário e que, quando presente em pequenas quantidades, tende a baixar a temperatura de fusão e a gravidade específica da escória. Além disso, considerando que o seu peso molecular é 40 e o da cal é 56, um menor peso de óxido de magnésio garante o mesmo grau de basicidade numa escória, além de ser um fundente mais barato e produzir menos escória. É por esta razão que alguns metalúrgicos preferem utilizar o calcário dolomítico.

Quando a quantidade é grande (acima de 5%), a magnésia tende a formar uma escória viscosa com um ponto de fusão mais elevado.

Felizmente, a presença de óxido de bário não é frequente, uma vez que se trata de uma impureza indesejável. Tem um peso molecular elevado, dá origem a uma escória de elevada densidade e, aquando da fusão do mate, forma sulfureto de bário que penetra no mate e tende a tornar a escória mais leve. Como resultado, os pesos específicos do mate e da escória são muito semelhantes, o que torna difícil a sua separação.

O zinco é também uma impureza muito incómoda. Durante a fusão do mate, forma um sulfureto que se torna parte do mate para o diluir e reduzir o seu peso. Na fundição do chumbo, o zinco tende a formar silicatos complexos que, devido ao seu ponto de fusão muito elevado, dão origem à formação de "slugs" no cadinho e nas paredes do alto-forno, o que causa muitas dificuldades no processo.

Os efeitos gerais do óxido de manganês são semelhantes aos do óxido de ferro, embora produza uma escória muito menos fusível do que a formada com quantidades equivalentes de óxido ferroso e reduza o poder de dissolução da escória em relação ao zinco. No forno de chumbo, a perda de prata na escória aumenta.

Os fluxos mais utilizados são brevemente descritos de seguida:

- ₂₄₇₂Bórax: O borato de sódio (Na B O .10 H O) é um excelente solvente de metais comuns. Tem caraterísticas ácidas e, quando fundido, dissolve praticamente todos os óxidos de metais comuns. O bórax funde a 750°C, o que reduz o ponto de fusão de todas as escórias. É muito fluido quando fundido. Densidade: 2370 kg/m3.

A presença de grandes quantidades de bórax pode ser prejudicial, provocando uma escória dura e não homogénea. Além disso, um excesso de reagente pode dificultar a separação de fases devido à redução do coeficiente de expansão da escória e à sua ação para impedir a cristalização.

O bórax dissolve a maioria dos óxidos metálicos, pelo que o objetivo do bórax na mistura de fundentes é ajudar a formação de escória. Em pequenas quantidades, baixa a temperatura para a formação de escória e gera uma fusão ordenada e silenciosa.

A dissolução dos óxidos metálicos por meio do bórax efectua-se em duas fases: em primeiro lugar, o bórax é fundido até se obter uma forma vítrea transparente, constituída por uma mistura de metaborato de sódio e anidrido bórico, como se mostra na reação:

$$_{2472242}Na\ B\ O \rightarrow Na\ B\ O + B\ O_3$$

O anidrido bórico reage com o óxido metálico para formar um borato metálico, como se mostra na reação:

$$_{23}MO + B\ O \rightarrow MO.\ B\ O_{23}$$

Existem cinco classes conhecidas de boratos, que têm uma classificação semelhante à dos silicatos

Nombre	Formula	Relación de Oxígeno Ácido : Base
Ortoborato	$3MO \cdot B_2O_3$	1:1
Piroborato	$2MO \cdot B_2O_3$	1.5:1
Sesquiborato	$3MO \cdot 2B_2O_3$	2:1
Metaborato	$MO \cdot B_2O_3$	3:1
Tetraborato	$2MO \cdot 2B_2O_3$	6:1

- $_2$Sílica: O dióxido de silício (SiO) é adicionado à carga para equilibrar o teor básico (cáustico) da escória e produzir uma escória de borossilicato. A sílica pura funde a 1750°C e é o reagente ácido mais disponível para a fusão. As escórias à base de sílica são viscosas e retêm uma grande quantidade de metal valioso em suspensão. Quando a sílica é misturada com bórax, forma uma escória muito fluida que pode dissolver óxidos de metais de base e combina-se com eles sob a forma de silicatos estáveis. Densidade: 2334 kg/m3.

- Nitrato de sódio: Densidade: 2260 kg.m-3. O nitrato de sódio (NaNO3) é adicionado para oxidar os metais de base da carga. Trata-se de um agente oxidante muito poderoso, cujo ponto de fusão é 270°C. A baixas temperaturas o nitro funde-se sem grandes alterações, mas a temperaturas superiores a 380ºC decompõe-se produzindo oxigénio.

Oxida sulfuretos e alguns metais, incluindo chumbo, ferro e cobre.

Uma palavra de cautela quando se utiliza nitro é controlar a quantidade necessária, uma vez que a libertação de oxigénio é uma reação vigorosa e, para além de transbordar o cadinho, causará uma erosão excessiva do cadinho. O nitro reage com a grafite de acordo com esta reação.

$$_{323\ 2}4\ NaNO + 5C \rightarrow 2\ Na\ CO + 3CO + 2N_2$$

A adição de nitro é reduzida ao mínimo, uma vez que a libertação de oxigénio provoca uma reação de formação de espuma vigorosa e pode provocar o transbordamento do

cadinho. Pode também oxidar o cadinho, reduzindo a sua vida útil.

Quimicamente, ocorrem as seguintes reacções de decomposição

$$2NaNO_3 + Calor \rightarrow 2NaNO_2 + O_2$$

$$2NaNO_2 + Calor \rightarrow Na_2O + N_2O + O_2$$

Com um aquecimento adicional, o nitrito de potássio decompõe-se, dando origem a óxido de potássio, óxido nitroso e uma mole de oxigénio.

De acordo com estas reacções, 1 mole de nitrato (85 g) produz 1 mole de oxigénio (32,0 g).

- Nitrato de potássio: tem a mesma função que o nitrato de sódio. A sua reação química é a seguinte

$_2$Primeiro, determine a quantidade de O que 1 mol de salitre gera quando aquecido a mais de 400 °C.

$$2KNO_3 + Calor \rightarrow 2KNO_2 + O_2$$

$$2KNO_2 + Calor \rightarrow K_2O + N_2O + O_2$$

- $_{232}$Carbonato de sódio: Também conhecido como Soda Solvay, Na CO (fonte de Na O, para substituir parcialmente o silicato MO). É um poderoso fundente básico e é de longe um dos fundentes mais baratos disponíveis.

$_2$Combina-se com a sílica no concentrado para formar silicato de sódio, libertando CO , de acordo com a seguinte equação:

$$_{23223}Na\ CO + SiO = Na\ SiO + CO_2$$

Devido à facilidade com que se formam sulfuretos e sulfatos alcalinos, actua como agente dessulfurante e oxidante e tem uma fluidez muito elevada. A utilização de soda confere transparência à escória; uma utilização excessiva provoca escórias pegajosas e higroscópicas.

Além disso, uma escória forte à base de soda reage exotermicamente com a água e o contacto com a pele pode causar irritação grave.

- Fluoreto de Cálcio: É também conhecido como Fluorspato (CaF2). Este aditivo reduz a viscosidade da escória ao substituir os iões de silício por iões de flúor na estrutura da escória de borossilicato, o que reduz a viscosidade do sistema. Densidade: 3180 kg/m3.

- Dióxido de manganês: O dióxido de manganês é um agente oxidante eficaz, mas, mais importante ainda, tem uma elevada afinidade com o enxofre e é, de facto, amplamente utilizado na dessulfuração de aços.

Por conseguinte, se se sabe que um concentrado tem um elevado teor de sulfureto, então o dióxido de manganês como agente de fluxo é mais benéfico.

- Carbono: Utilizado quando é necessária uma atmosfera redutora numa carga.

Como fundente geral para o tratamento de concentrados, teria pouca utilidade.

No entanto, está incluído na lista de fundentes devido às suas óbvias capacidades de redução. O carbono não se torna ativo até uma temperatura de 500-600°C, mas pode ser utilizado eficazmente num lingote de cobre elevado para reduzir a oxidação pesada.

Tem sido utilizado para esta função, uma vez que uma camada pesada de óxido pode causar problemas de amostragem e análise.

4-6-DOSAGEM DE FLUXOS

A quantidade de fundente necessária depende da qualidade do precipitado com base no seu teor metálico (teor de ouro e prata).

[2232]O cálculo necessário para determinar a composição adequada do fundente baseia-se no diagrama ternário Na_2O - B_2O - SiO , para a formação de escórias, que é apenas uma referência para estimar o ponto de fusão das escórias. No diagrama ternário, estamos interessados na temperatura a que uma mistura sólida de uma determinada composição (fundente) começará a fundir; ou na quantidade de fundente básico que é necessário adicionar a um precipitado ácido ou ganga mineral para obter uma escória que funde à temperatura de fusão mais baixa possível.

A área de trabalho para a formação de escórias na Refinaria é mostrada na Figura 17.

[222]O diagrama da Figura 17 mostra os pontos de fusão para várias composições destes três compostos (Na_2O, B_2O3 e SiO) e que é formado pelos fluxos adicionados.

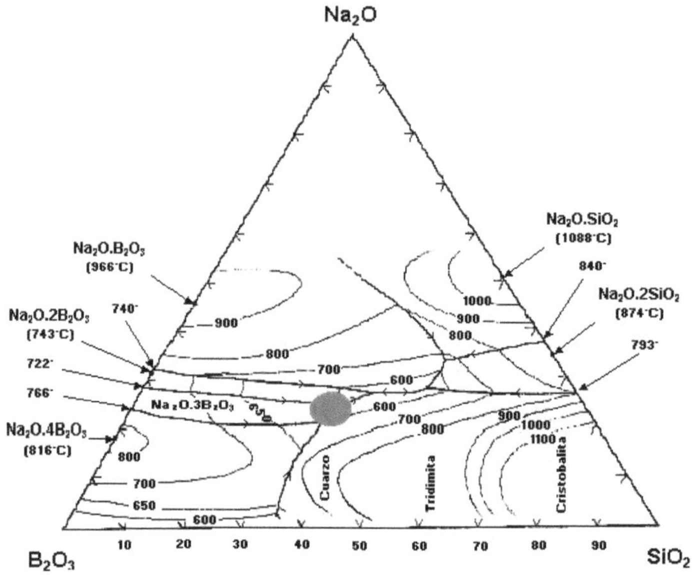

Figura 17. [223]Diagrama ternário do sistema Na O - B O - SiO₂

A dosagem teórica de fundentes a adicionar tanto para a oxidação de sulfuretos como para a escorificação de óxidos é determinada tendo em conta a estequiometria das reacções que ocorrem com cada sulfureto e óxido metálico presente no minério ou concentrado.

Uma vez oxidados os sulfuretos, procede-se à formação de escórias, que consistem na formação de boratos e silicatos. A formação de metaboratos e metassilicatos é sugerida pelo facto de serem os mais fluidos e, sendo menos viscosos, permitirem que os metais preciosos passem mais facilmente para o fundo do cadinho para formar a fase metálica (Lenehan e Murray-Smith, 1986).

[24722]Os agentes oxidantes e fundentes para a formação de escórias são principalmente o bórax (Na B O .10H O) e a sílica (SiO), que em proporções adequadas reagem com os óxidos metálicos para formar metassilicatos e metaboratos. Um exemplo deste processo é a escorificação do óxido de ferro, ilustrada na reação:

$$3Fe_2O_3 + 3Na_2B_4O_7.10H_2O + 6SiO_2 \rightarrow 3Na_2B_2O_4 + Fe_2(B_2O_4)_3 + 2Fe_2(SiO_3)_3$$

O pressuposto básico para a retenção de impurezas metálicas ferrosas e não ferrosas na escória é a sua oxidação para formar compostos de silicato ou borato. Este pressuposto é termodinamicamente viável nas condições de funcionamento prevalecentes no cadinho.

As primeiras alterações químicas que ocorrem durante a fusão no Forno de Indução são devidas ao efeito do calor (Q), que provoca a decomposição dos fundentes oxidantes Carbonato e Nitrato de Sódio:

$$_{2322}Na\ CO + Q = Na\ O + CO + \tfrac{1}{2}O\ (851°C)$$

$$_{3222}NaNO + Q = Na\ O + \tfrac{1}{2}N + O\ (308°C)$$

Na presença de oxigénio proveniente da decomposição dos fluxos oxidantes, a oxidação dos metais de base (que se encontram na carga como impurezas) inicia-se de acordo com as reacções:

Determinação da quantidade de O2 produzida por 1 mole de salitre quando aquecido a uma temperatura superior a C400°.

$$2\ KNO_3 + \varnothing \rightarrow 2\ KNO_2 + O_2 \quad O = 16,0$$

Com um aquecimento adicional, o nitrito de potássio decompõe-se, dando origem a óxido de potássio, óxido nitroso e uma mole de oxigénio.

$$2\ KNO_2 + \varnothing \rightarrow\ _2 +\ _2 + O_2$$

De acordo com estas reacções, 1 mole de nitrato (102,0 g) produz 1 mole de oxigénio (32,0 g).

Em seguida, no cadinho, o nitrato liberta oxigénio para oxidar (ou terminar a oxidação) os sulfuretos e/ou os metais presentes.

$$_2\quad Z\quad n + \tfrac{1}{2}O = ZnO$$

$$_2\quad P\quad b + \tfrac{1}{2}O = PbO$$

$$_2\quad P\quad b + O = PbO_2$$

$$_2\quad C\quad u + \tfrac{1}{2}O = CuO$$

$$_{22}\quad 2\quad Cu + \tfrac{1}{2}O = Cu\ O$$

$$_2 F \qquad e + \tfrac{1}{2} O = FeO_2$$

$$_{22} \quad _4 \qquad Fe + 3O = 2Fe\,O_3$$

Numa última fase, os boratos e silicatos são formados pela reação química do bórax e da sílica com os óxidos dos metais de base acima referidos:

Com Bórax:

$$_{24722322}Na\,B\,O\,.10H\,O + Q = 2B\,O + Na\,O + 10\,H\,O \ (200^oC)$$

$$_{223223}x\,Me\,O + y\,(B\,O\,) = x\,Me\,O\,.\,y(B\,O\,)$$

Com sílica:

$$_2 \qquad x\,MeO + y\,SiO = x\,MeO\,.\,y\,SiO_2$$

$$_{23223}\,M\,e\,O + y\,SiO = x\,Me\,O\,.\,y\,SiO_2$$

ME = METAL

Tendo agora discutido os principais agentes fundentes, torna-se essencial o desenvolvimento de uma receita de fundente adequada a um determinado concentrado. Basicamente, o que resulta é uma fase de metal fundido e uma fase de escória, mas dependendo da quantidade de contaminação na carga, da receita de fundente ou da relação entre o fundente e a carga, existem duas outras fases possíveis: Mate e Spiess.

5-1FASE DE SINALIZAÇÃO.

São soluções de óxidos de diferentes origens, bem como fluoretos, cloretos, silicatos, fosfatos, boratos, entre outros. A escória é o líquido de menor densidade e, por isso, situa-se no topo da mistura fundida.

As densidades de algumas escórias comuns situam-se entre 2,72 e 2,84 g/cm3 quando a temperaturas entre 1823 e 1853 °K (Oliveira et al., 1999).

As escórias são geralmente produtos residuais e têm uma função importante na medida em que recolhem e removem a maior parte do produto indesejado do material valioso. Outra razão pela qual as escórias são importantes é que servem de proteção térmica para a mistura de fundentes, evitando a perda de calor do fundente.

5-2 FASE METÁLICA.

A fase metálica é constituída por metais puros, ligas metálicas ou soluções de não metais com metais. No estado líquido, os metais têm viscosidades baixas e tensões superficiais elevadas, o que resulta num ângulo de contacto mínimo entre o metal líquido e as superfícies dos materiais refractários que o contêm, permitindo-lhes fluir mais facilmente. A densidade desta fase é mais elevada do que a das outras fases, pelo que se encontra no fundo da mistura fundida. Por exemplo, a densidade do ouro é de 19,3 g/cm3, a da prata é de 10,49 g/cm3, a do cobre é de 8,96 g/cm3, a do chumbo é de 11,34 g/cm3, entre outras (. Geralmente, esta é a fase valiosa do processo de fundição e a que deve ser recuperada.

Sulfureto artificial de um ou mais metais formado durante o processo de fundição.

É uma fase de ponto de fusão muito baixo com uma densidade relativamente alta e, portanto, encontra-se entre as fases de metal e escória como uma fase distinta e separada.

Esta camada é geralmente cinzento-azulada, muito quebradiça e pode conter quantidades apreciáveis de metais preciosos

Os mates são geralmente à base de ferro ou cobre e contêm até 10% de ouro em solução.

Antimoneto ou arsenieto de metal artificial formado em operações de fundição e geralmente à base de ferro, mas que pode ser substituído por cobalto e níquel

Trata-se de uma substância estanhosa, dura, bastante tenaz, de cor branca, que se encontra entre as camadas de metal e de escória e que pode também reter uma quantidade apreciável de metais preciosos em solução.

Estas duas fases são mencionadas porque, como explicado acima, a formação de qualquer uma delas é indicativa de uma fórmula de fluxo incorrecta ou de uma relação fluxo/carga incorrecta. Por conseguinte, na maioria dos casos, uma nova fusão com fluxo adicional é suficiente para eliminar qualquer uma das fases.

No entanto, se as receitas de fluxo falharem, o mate pode ser decomposto com nitro ou manganês e pode ser decomposto com soda cáustica ou carbonato de sódio.

Quando se lida com materiais desta natureza, é habitual começar por fundir a fase e depois adicionar o agente fundente e agitar a carga fundida. Isto aumenta a área de contacto da superfície, aumentando assim a cinética da reação.

Mais uma vez, deve ter-se algum cuidado ao utilizar nitro nesta forma, uma vez que a forte efervescência do nitro à medida que se decompõe pode fazer com que o material transborde do pote. Por conseguinte, quando se utiliza nitro direto, é habitual utilizar uma panela grande.

No entanto, se a carga reagir de forma turbulenta, uma pequena quantidade de sal seco tenderá a acalmar a reação. Esta é simplesmente polvilhada sobre a superfície da escória.

Finalmente, quando a reação estiver completa, deve ser adicionada uma quantidade de bórax equivalente ao fundente utilizado. Quando fundido, este é misturado com a carga antes da fundição e assegurará a produção de uma escória trabalhável.

5-5-DORÉ

O Doré é uma liga de Au e Ag. O objetivo do processo de fusão de precipitados de ouro e prata é obter metal Doré na presença de fluxos formadores de escórias a temperaturas que excedem o ponto de fusão de todos os componentes da carga, tipicamente entre 1200 e 1300°C. O tempo necessário para fundir completamente a carga depende não só da qualidade da escória formada, mas também da composição química da liga de ouro-prata. O ponto de fusão do ouro é de 1064°C, enquanto a prata funde a 962°C. A Figura 18 mostra o diagrama binário Ag-Au e pode ver-se que o ponto de fusão da liga aumenta com o aumento do teor de ouro.

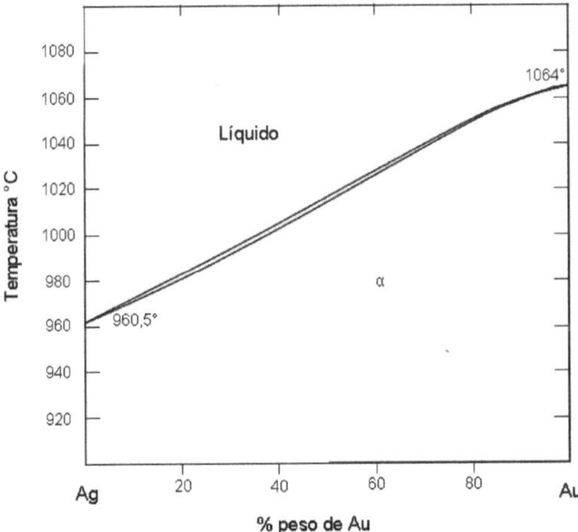

Figura 18. Diagrama binário Ag-Au

Se o cobre não for eficientemente oxidado e removido na escória, permanece em estado metálico e pode fazer parte da doré, alterando o seu ponto de fusão. Forma-se então uma liga ternária, como mostra a Figura 19.

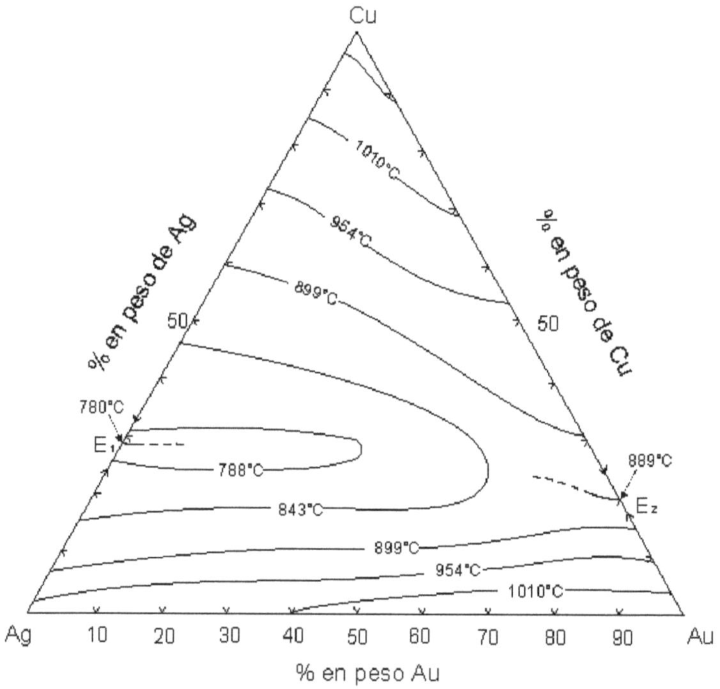

Figura 19. Diagrama ternário Ag-Au-Cu

A fusão é um processo de redução ou concentração, no qual a maior parte dos constituintes beneficiáveis é recolhida sob a forma de metal, enquanto os constituintes não benéficos formam um outro produto conhecido como escória.

A ustulação e a calcinação são normalmente processos preliminares efectuados para obter o metal numa forma mais adequada para a fusão ou para remover algumas impurezas que possam interferir indevidamente com o processo de fusão.

Num processo de fusão metalúrgica, a temperatura produzida e mantida é o resultado do equilíbrio algébrico entre o calor absorvido e gerado e o calor transportado para os produtos formados pelas reacções químicas e alterações físicas que ocorrem durante o processo de fusão.

A reação primária pode ser seguida ou acompanhada por várias reacções secundárias. A formação de compostos na escória, no metal ou no mate provoca alterações térmicas.

A escória é a massa vítrea que fica como resíduo após a fusão de um precipitado. Durante a fusão, a escória forma uma fase que se separa da doré e que, devido à sua imiscibilidade e à sua menor densidade, é colocada por cima desta, conseguindo-se assim a separação das duas fases (densidade Au = 19,32 gr/cm3, densidade escória = 2,53 gr/cm3).

A formação de escórias requer a utilização de vários reagentes fundentes. O fundente é qualquer substância ou composto que é propositadamente adicionado à carga para facilitar a fusão de componentes com elevado ponto de fusão, como os que estão envolvidos na fusão do ouro.

A adição de fluxos é efectuada principalmente pelas seguintes razões:

- **Redução das perdas por volatilização:** Os fluxos reduzem o ponto de fusão da carga para um nível abaixo da temperatura que poderia causar volatilização. A fusão forma camadas de escória vítrea que cobrem fisicamente o metal durante a fusão, reduzindo o potencial de volatilização de elementos na camada metálica.

- **Proteção do banho:** A formação de uma camada de escória isola o banho de metal fundido da atmosfera para evitar possíveis reacções de oxidação com a atmosfera. São também evitadas perdas excessivas de calor.

- **Recolha de impurezas:** Os fundentes reagem quimicamente com as impurezas contidas no precipitado. As impurezas formam compostos químicos com os fundentes que são solúveis na escória.

Em geral, um aspeto vítreo ou vítreo é a marca registada de uma escória aceitável.

Para garantir os tempos de processamento mais rápidos, todos os ingredientes do fundente devem ser finamente divididos e intimamente misturados através do concentrado antes de serem carregados no forno.

Isto aumenta a área de contacto da superfície que, por sua vez, ajuda muito a cinética da reação ao estabelecer muitas zonas de reação na massa fundida.

As escórias produzidas devem apresentar as seguintes caraterísticas gerais

• Baixo ponto de fusão.

• Baixa viscosidade.

• Baixa densidade.

• Elevada fluidez.

• Elevada solubilidade dos óxidos de metais de base.

• Não solubilidade do ouro e da prata.

• Não alterar o estado metálico do ouro e da prata.

• Boa separação do metal Doré.

• Baixo desgaste dos refractários (corrosão e/ou abrasão).

• Fácil de partir para um novo tratamento.

5-6-2 PROPRIEDADES FÍSICAS DA ESCÓRIA.

✓ Energia ou tensão superficial.

A tensão superficial de uma escória é uma variável importante para a formação das chamadas escórias espumosas, necessárias na refinação de metais, que facilitam o transporte eficiente do material ao assegurar uma grande superfície de contacto metal-escória.

✓ Densidade

A densidade da escória é inferior à densidade da fase metálica e este facto é de grande importância, pois está na base da separação de fases por estratificação nos processos pirometalúrgicos. Desta forma, a fase oxidada ou escória sobrepõe-se à fase metálica rica, permitindo assim uma separação adequada.

Estudos experimentais, desenvolvidos por Mori e Suzuki, aproximaram as estimativas da densidade da escória, relacionando-as com a temperatura.

$$\rho(g/cm^3) = 5.00 - 0.0027*T - 0.50*CaO^{0.67} - 2.22*SiO_2^{0.4} + 0.70*FeO^{1.2} - 3.2*Fe_2O_3^{0.4}$$

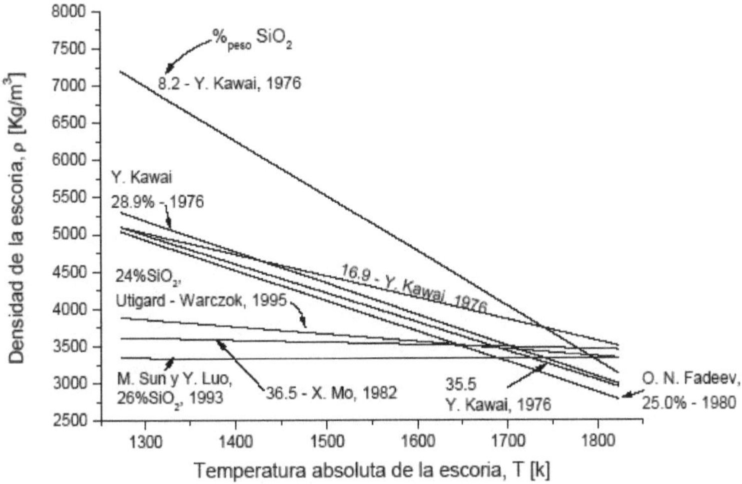

Figura 20- Densidade da escória

✓ Viscosidade.

A viscosidade da escória representa uma das variáveis mais relevantes na maioria dos processos metalúrgicos e na cinética das operações de conversão.

Foram publicados vários modelos para estimar a viscosidade em função da composição química. O modelo de Riboud e o modelo de Urbain são alguns dos modelos mais conhecidos para o cálculo da viscosidade. Riboud classifica os componentes das escórias em cinco categorias, em função da sua natureza química, e atribui valores aos parâmetros da equação de tipo Arrenihus em função da fração molar de cada uma das categorias

$$\mu(T) = AT \exp\left(\frac{B}{T}\right)$$

A viscosidade da escória em função da temperatura é representada pela seguinte equação matemática:

$$^{-4}\mu = 1.336.10 \ e \ ^{14}$$

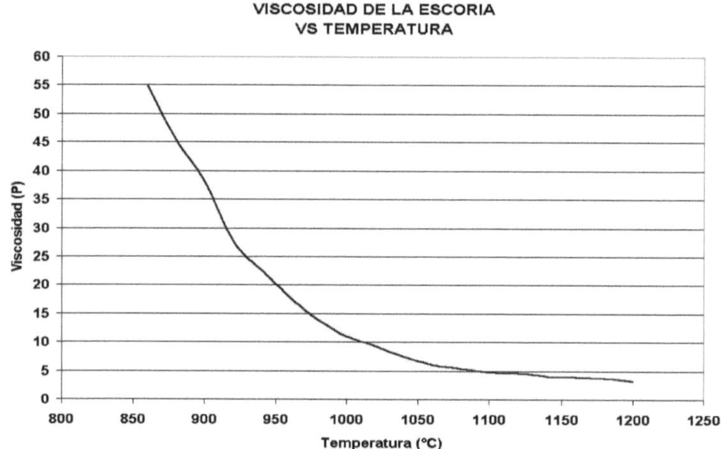

Figura 21. Relação entre a viscosidade da escória e a temperatura

5-6-2 PROPRIEDADES QUÍMICAS DA ESCÓRIA.

Dependendo do grau de acidez, a escória será ácida ou básica; dependendo do facto de os componentes da escória consumirem ou libertarem oxigénio.

Os consumidores de oxigénio serão designados por ácidos e os que libertam oxigénio na fusão serão designados por básicos.

$_2$Uma das formas de medir o grau de acidez é dada pelo quociente **SiO / (CaO+MgO+...).**

Para uma abundância de ganga ácida (SiO_2, etc.), a escória deve ser básica.

No entanto, se for utilizada demasiada basicidade para neutralizar a ganga ácida, isto pode resultar em escórias que solidificam a altas temperaturas.

A escória fundida deve ter uma temperatura de fusão baixa, caso contrário, entre as desvantagens da falta de fluidez, haveria entupimento durante a fundição e aprisionamento mecânico da liga na escória, resultando em operações subsequentes dispendiosas e demoradas.

Pode dizer-se que um material que contenha uma quantidade suficiente de sílica será ácido.

$$2^{-2}SiO + 2O = SiO_4^{-4}$$

Classificação.

Regra geral, a impureza mais comum a separar é a sílica ou algum silicato; por conseguinte, do ponto de vista metalúrgico, as escórias de silicato são as mais importantes.

Foram sugeridas muitas classificações destas escórias, mas a que se considera importante é a que depende do grau de silicato, ou seja, da relação entre o oxigénio do ácido e o da base.

Os pontos de formação de escórias e de fusão devem ser baixos, caso contrário o consumo de energia será excessivo e, por vezes, as perdas devidas à volatização serão também elevadas.

Pelas mesmas razões, não é desejável que as escórias tenham uma densidade elevada, uma vez que o mate ou o metal não se separam facilmente. Por conseguinte, na prática industrial, deve existir geralmente uma diferença de densidade de pelo menos uma unidade entre a escória e o mate ou metal.

O quadro seguinte apresenta as diferentes classes:

CLASSIFICAÇÃO DAS ESCÓRIAS

Nome	Rácio de oxigénio do ácido ao oxigénio da base	Fórmula
Subsilicato	0.5 a1 ,0	$4RO.SiO_2$
Monossilicato	1,0 a1 ,0	$2RO. SiO_2$ $_24R0.3SiO$
Sexquisilicate	1,5 a1. 0	$RO. SiO_2$ $2R0.3SiO2$

| Bisilicato | 2,0 a1 ,0 | |
| Trisilicato | 3,0 a1 ,0 | |

A tabela seguinte pode servir como um guia aproximado para as escórias mais comuns:

Peso específico

Monossilicatos (Fe, Mn, Zn) 4,0

Bisilicatos 3,5

$_{23}$Silicatos básicos com Al 0 .... 3,2 a 3,4 .

$_{23}$Silicatos ácidos com Al 0 ... ... 3,0 a 3,2

Silicatos de Mg ... ... 3,0 a 3,3

Silicatos de Ca ... ... .2,6 a 3,0

Silicatos de Na, K 2,5

Silicatos de bário 4,4

Silicatos de chumbo 7,0

FeS 4,8

$_2$Cu S 5,8

$_2$SiO 2,6

✓ Carácter ácido-base

Basicidade da escória.

A basicidade das escórias tem sido expressa de várias formas, mas geralmente a expressão essencial do índice de basicidade é:

O índice de basicidade binário (IB2), ternário (IB3) e quaternário (IB4) nas amostras de escória de acordo com as expressões (1), (2) e (3).

- $_2$IB2= CaO/SiO

- $_{2\ 23}IB3=CaO/(SiO + Al\ O\ )$

- $_{223}IB4=CaO + MgO/(SiO + Al\ O\ )$

A eficiência da separação entre a escória e o metal doré é medida em termos de teores de Au e Ag na escória, ou seja, a recuperação dos metais de base (e outras impurezas) retidos na escória. O desempenho depende da natureza do precipitado a fundir, com base no seu teor de metal e nas propriedades dos fundentes a utilizar.

Considera-se um produto refratário aquele que resiste sem fundir ou amolecer a temperaturas iguais ou superiores a 1500 °C. durante um período de tempo economicamente rentável, sem deterioração excessiva das suas propriedades físico-químicas.

6-1CLASSIFICAÇÃO DE REFRACTÁRIOS.

A classificação pode ser feita de acordo com o seu carácter químico, uma vez que é este que facilita a sua escolha de acordo com a sua utilização prevista. Nesta base, são classificados da seguinte forma:

<u>Refractários ácidos</u>

- ✓ <u>Produtos argilosos</u>, tais como argilas refractárias. $_{223}$O produto refratário resultante após a cozedura é composto por 54-73 % de sílica (SiO) e 20-45 % de alumina (Al O). Estes produtos são bastante sensíveis a mudanças bruscas de temperatura.

- ✓ <u>Produtos de sílica</u>: areia de quartzo, quartzito. $_2$Estes produtos vão desde 100 % de sílica (SiO) até produtos com pelo menos 85 % de sílica e o resto de alumina. Apresentam um ponto de amolecimento da ordem dos 1400 °C, uma elevada resistência aos vapores de cloretos alcalinos e uma elevada resistência mecânica a quente. São frequentemente utilizados na construção de fornos de coque.

<u>Refractários de base</u>

- ✓ <u>Óxidos de alumínio</u>: São constituídos principalmente por sílica e alumina, mas, ao contrário dos ácidos, a alumina predomina nestes em proporções de 80-60 %. Apresentam um ponto de amolecimento da ordem dos 1350 °C e têm geralmente boas propriedades de resistência às mudanças bruscas de temperatura e à abrasão.

- ✓ $_{32}$<u>Óxidos de cálcio e de magnésio</u>, como a dolomite [CaMg(CO)] e a magnésia (MgO). As propriedades de ambos são muito semelhantes e a dolomite pode ser misturada com a magnésia em blocos ou em pasta, ligada com alcatrão. O principal elemento dos refractários de magnésia é a periclase (MgO), caracterizada por um elevado ponto de fusão de 2800 °C, elevada expansão térmica, elevada refractariedade e elevada resistência às escórias básicas.

- ✓ Para evitar variações de volume a temperaturas elevadas, a matéria-prima é sinterizada. [23232]Para além do MgO, a magnésia sinterizada contém também quantidades variáveis de FeO, AlO, CaO e SiO, que são importantes para o processo de sinterização, mas que reduzem o ponto de amolecimento do material e, por conseguinte, a sua capacidade de utilização. Com pequenas quantidades de crómio, a resistência a mudanças bruscas de temperatura é melhorada.

Refractários neutros

- ✓ <u>Produtos de carbono</u>. Estes são preparados a partir de grafite e de coque. A grafite, aglomerada com argila, é utilizada para o fabrico de cadinhos com boas propriedades de condução do calor. O coque, aglomerado com alcatrão e queimado, é utilizado para a construção de fornos de alto-forno que resistem ao ataque da fusão e das escórias. No entanto, são sensíveis à oxidação do ar e ao vapor de água.

- ✓ <u>Produtos à base de cromite mineral ou artificial, magnésia e cal</u>. [2323]Estes materiais são compostos principalmente por magnésia (MgO), cal (CaO) ou ambos, juntamente com o mineral de crómio; cromite (CrO-FeO), que também contém no seu estado natural uma parte importante de óxido de magnésio (MgO) e alumina (AlO). Este último é bastante inerte do ponto de vista químico e muito resistente às escórias ácidas e básicas.

  Outro material deste grupo é o refratário de crómio-magnésia, que é uma mistura de cromite e magnésia numa proporção de 1:2. As peças são aglomeradas por cozedura ou por ligação química. [23]A adição de crómio (CrO) aos materiais de magnésia resulta num produto de alta qualidade com boa resistência às mudanças bruscas de temperatura, ao fogo e às escórias.

- ✓ <u>Carbonetos de silício, zircónio, nióbio, tântalo</u>. O carboneto de silício (SiC) funde a 2700°C numa atmosfera sem oxigénio; ao ar, oxida-se rapidamente entre 900-1300°C. É utilizado misturado com argila refractária para proteger os grãos de silício da oxidação. O produto refratário resultante pode ter elevados coeficientes de condutividade eléctrica e térmica, elevada resistência mecânica a temperaturas elevadas e elevada resistência à abrasão.

No forno de indução são utilizados os seguintes refractários:

Cadinho de carboneto de silício: A principal caraterística deste cadinho é a sua composição química que é 60% SiC e 30% C, o que lhe confere caraterísticas químicas ácidas. É importante ter isto em conta para uma dosagem correta dos reagentes de fluxagem. Este cadinho tem também uma excelente resistência ao choque térmico. A temperatura máxima de trabalho é de 1430°C.

Os seguintes refractários são utilizados no forno de indução:

Refratário Dri-Vibe: Este refratário é utilizado como revestimento para a área da tampa superior do revestimento interior dos fornos de cadinho. É um material à base de alumina fundida (86%) que tem boa resistência ao ataque químico. O segundo componente principal é o MgO com 8%.

No forno de indução são utilizados os seguintes refractários:

Steel-Pak 86CR Refractory: Este material foi especificamente concebido para fornos de indução sem núcleo. É um material de alta alumina (76%) com aglutinante de ácido fosfórico (4%) que lhe confere as suas caraterísticas plásticas. $_{223}$Os componentes secundários são SiO com 13% e $Cr\,O$ com 4%. A adição de cromite confere uma elevada resistência à corrosão e à abrasão, tanto ao metal como à escória.

Minro-AL Plástico A-91: Este material é utilizado para o fabrico da coroa no forno. Trata-se de um material de alta alumina (87,4%) com um ligante de ácido fosfórico (3%) que lhe confere as suas caraterísticas plásticas. $_2$O segundo componente principal é o SiO com 7%. Tem boa resistência à abrasão e à corrosão, boa trabalhabilidade, boa aderência e boa resistência térmica.

Pano refratário Minro Weave: Este pano refratário é utilizado à volta do revestimento do cadinho para proporcionar "alívio" durante a expansão do cadinho durante o funcionamento (fusão). É um material texturizado à base de fibra de vidro capaz de suportar temperaturas elevadas em operações não contínuas. É resistente a solventes e à maioria dos ácidos e álcalis. Possui uma elevada rigidez dieléctrica e uma baixa constante dieléctrica. Não contém amianto. Disponível em rolos.

6-2-1DESEMPENHO DE CADINHOS.

O desempenho dos cadinhos foi avaliado de acordo com a quantidade de precipitado e fluxos que podem ser processados por unidade.

É analisada a quantidade de precipitado processado por cadinho, principalmente devido à adição adequada de fundentes.

Verificou-se que o nitrato de sódio é um forte agente oxidante. [22]Se houver um excesso deste componente, é criada uma forte atmosfera oxidante e começa a ocorrer uma "descarbonetação" acelerada do cadinho, uma vez que o carbono contido no cadinho começa a reagir diretamente com o nitrato de sódio, produzindo CO e N, de acordo com:

$$_{3232}4NaNO + 5C = 2Na\ CO + 3CO + 2N_2$$

Isto acelera o desgaste do cadinho e afecta grandemente o seu desempenho.

6-2-1ESTADO DO CADINHO REPARAÇÃO E SUBSTITUIÇÃO

Durante a fusão, medir a temperatura com o termómetro de infravermelhos no invólucro do forno à volta da cintura; se as temperaturas excederem 150°C, remendar ou substituir o cadinho em função do desgaste e das zonas danificadas.

1- Injetar ar pressurizado (se o cadinho estiver frio) para limpar quaisquer resíduos que possam permanecer após a fundição e para ter uma melhor visão do estado do cadinho.
2- Verificar o estado do cadinho do seguinte modo:
    a. Instalar-se para ter a melhor vista do cadinho
    b. Observar em pormenor a profundidade dos riscos na parede do cadinho.

c. Observar o desgaste da parede do cadinho (principalmente na cintura) e do pavimento provocado pela utilização.

d. Determinar o desgaste, se este for superior a 60% da espessura de acordo com o projeto, proceder ao remendo.

3- Se se determinar que a deterioração do cadinho devido a desgaste, fissuras, abrasão, etc. é superior a 60% da espessura de acordo com o projeto, o cadinho é substituído ou remendado em função da deterioração.

6-3 DESGASTE DE REFRACTÁRIOS.

A corrosão de materiais refractários por escórias é uma questão muito complexa devido à variedade de mecanismos paralelos de ataque químico, processos de desgaste termomecânicos e tribológicos que podem influenciar durante o serviço, bem como ao facto de as caraterísticas físicas e químicas durante o ataque não serem uniformes devido à heterogeneidade dos materiais e dos meios corrosivos. Consequentemente, tanto os fabricantes como os consumidores de refractários devem manter programas contínuos de manutenção e investigação.

6-3-1 MECANISMO DE CORROSÃO E DESGASTE DE REFRACTÁRIOS

✓ Factores químicos

Reacções químicas entre os componentes do tijolo e os metais fundidos ou gasosos que penetram através da porosidade.

✓ Factores capilares

Devido à porosidade aberta do refratário.

✓ Factores mecânicos

Erosão causada pelo movimento do forno, agitação, impacto de cargas sólidas ou líquidas e tensões resultantes da expansão/contração da alvenaria.

Factor de Desgaste	Efecto	Propiedad Requerida
<u>Químicos</u> Escorias	Infiltración y corrosión de la micro-estructura Debilitamiento de la liga	Alta resistencia a corrosión Alta resistencia a infiltración
<u>Capilares</u> Porosidad abierta Características físico químicas del fundido	Infiltración en la micro-estructura Cambio de composición del refractario	Alta resistencia a la infiltración
<u>Termo- mecánicos</u> Infiltraciones metálicas Cambio de temperaturas Movimiento del baño/horno Tensión en la Mampostería Refractaria	Desgaste en el uso Aumento de la cond. térmica Desconchamiento (Spalling) Erosión Formación de micro-fisuras	Elevada refractariedad Alta resistencia a la inflitracion Flexibilidad estructural

BIBLIOGRAFIA.

1. Adamson R.J. 1972. Gold Metallurgy in South Africa. Câmara de Minas da África do Sul, Joanesburgo.
2. Coudurier, L., Hopkins, D. W., & Wilkomirsky, I. 2013. Fundamentos de Processos Metalúrgicos: Série Internacional de Ciência e Tecnologia de Materiais (Vol. 27). Elsevier.
3. Fábrica de Ideias. 2014. Fábrica de ideias. Recuperado de O processo do ouro do início ao fim: https://fabricadeideas.pe/wp-content/uploads/2014/04/ProcesosYanacocha.pdf
4. García, e. Y. 2014. Projeto e construção de um forno de cadinho para ligas não ferrosas. San Salvador: Universidad del Salvador.
5. Grimwade, Mark. 2000. "A plain's man guide to Alloy Phase Diagrams: Their use in Jewellery Manufacture.
6. Imris, Ivan. 2000. "Processos de fundição e refinação de ouro e prata".
7. Imris, Ivan. 2000. "Escória do Processo de Fundição Doré".
8. Integrated Global (n.d.). Revestimentos de Alta Emissividade para Superfícies de Aquecedores Refractários. Recuperado de IGS: ttps://integratedglobal.com/en/services/high-emissivity-coatings-for-refractory-surfaces-heaters/#:~:text=The%20brick%20refractory%20insulation%20(IFB,in%20the%20most%20efficient%20way%20).
9. John Marsden, Iain House.2006; The Chemistry of Gold Extraction; SME,;ISBN: 0873352408, 9780873352406
10. Kaspin, S., e N. Mohamad. 2015 "Processo de refinação de ouro e seu impacto no meio ambiente." Em Engenharia Ambiental e Aplicação Informática: Actas da Conferência Internacional de 2014 sobre Engenharia Ambiental e Aplicação Informática, Hong Kong, 25-26 de dezembro de 2014, p. 19. CRC .
11. Kaspin, Saadiah. 2013 "Refinação de ouro em pequena escala: pontos fortes e fracos." Em Tecnologia, Informática, Gestão, Engenharia e Ambiente (TIME-E), Conferência Internacional sobre, pp. 32-36. IEEE, 2013.

12. Lenahan, W.e. e Murray-Smith R. 1986. Assay and Analytical Practice in the South African Mining Industry. Câmara de Minas da África do Sul, Joanesburgo.

13. Levin, Robbins e McMurdie .1969. Phase Diagrams for Ceramicists, 2nd edn. p.204. The American Ceramic Society.

14. McGuire, M.A. 1995. "Recovery of Precious Metals from Merrill-Crowe Precipitates by Smelting" (Recuperação de metais preciosos de precipitados de Merrill-Crowe por fundição).

15. Palacios G, José. 1999. "Fundamentos de la Fusión a Metales Doré".

16. Paredes, E. C. 2015. Otimização na fundição de precipitados de ouro e prata. Peru.

17. Pillaca Hinostroza, I. 2017. Melhoria do processo de teste de fogo para determinar Au e Ag em concentrados de Pb-Zn e Cu na empresa "MINLAB SRL"-Canaria.

18. Santander, Nelson H. 1997. "Materiais Refractários.

19. Suzuki, M., Jak, E. Modelo de viscosidade quase química para escória totalmente líquida no sistema Al2O3-CaOO-MgO-SiO2 - Parte I: Revisão do modelo. Metall Mater Trans B 44, 1435-1450 (2013). https://doi.org/10.1007/s11663-013-9928-3

20. Yáñez Concha, T. F. 2024. Otimização da fundição de concentrados gravimétricos de ouro para a Mina El Bronce.

Printed by Books on Demand GmbH, Norderstedt / Germany